Der Verlag HELVETIQ wird vom Bundesamt für Kultur mit einem Strukturbeitrag für die Jahre 2021–2025 unterstützt.

**Haut & Haaren auf der Spur**
Wie sie uns einzigartig machen

Text und Illustrationen: Klara Lange
Satz und Layout: Klara Lange
Lektorat: Myriam Sauter
Korrektorat: Ulrike Ebenritter

ISBN: 978-3-03964-095-9
Erste Auflage: März 2025
Hinterlegung eines Pflichtexemplars in der Schweiz:
März 2025
Gedruckt in der Tschechischen Republik

Produktsicherheitsverordnung (GPSR)
Verlag/Hersteller: Helvetiq Verlag AG
Mittlere Strasse 4, 4056 Basel, Schweiz,
info@helvetiq.ch
Verantwortlich in der EU: LKG – Eine Marke der
agorando Technologies GmbH
An der Südspitze 1–12, 04571 Rötha,
Deutschland, info@agorando.com

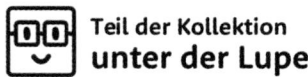

Teil der Kollektion
**unter der Lupe**

Die Kollektion *unter der Lupe* untersucht eine Vielzahl von Themen.

MIX
Papier aus verantwortungsvollen Quellen
FSC® C014138

KLARA LANGE

# Haut & Haaren
## AUF DER SPUR

Wie sie uns
einzigartig machen

Haut ist das größte Organ des Körpers.
Und Haare wachsen überall auf ihr drauf.
Zusammen sind sie das gesamte Äußere des Körpers.

Hast du Lust, sie dir genauer anzuschauen?

Hol die Lupe raus, es geht los,
auf Entdeckungsreise.

Haut ist empfindlich und Haare überhaupt nicht.

Du kannst Haare abschneiden und zusammenknoten,
das macht ihnen überhaupt nichts aus.

Bei Haut ist das ganz anders.
Wie fühlt sich Streicheln oder
Piksen auf deiner Haut an?

Haut ist riesengroß.
Sie reicht vom Kopf über die Arme
bis hin zu den Zehenspitzen.

Haut ist richtig schwer.
Bei Erwachsenen kann sie
10 Kilogramm wiegen —
so viel wie ein Kasten voll
mit Wasserflaschen.

Haut ist überall mit flaumigen Haaren bedeckt.
Im Gesicht, auf den Armen und sogar auf den Zehen.

Es gibt aber drei Stellen, wo Haut
überhaupt keine Haare hat.
Findest du sie an deinem eigenen Körper?

An den Innenflächen der
Hände, den Fußsohlen und
an den Lippen hat Haut
keine Haare.

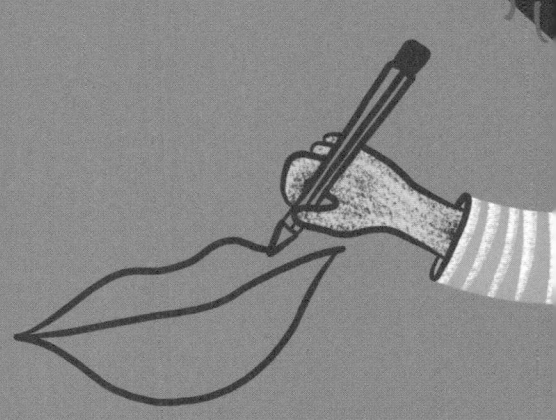

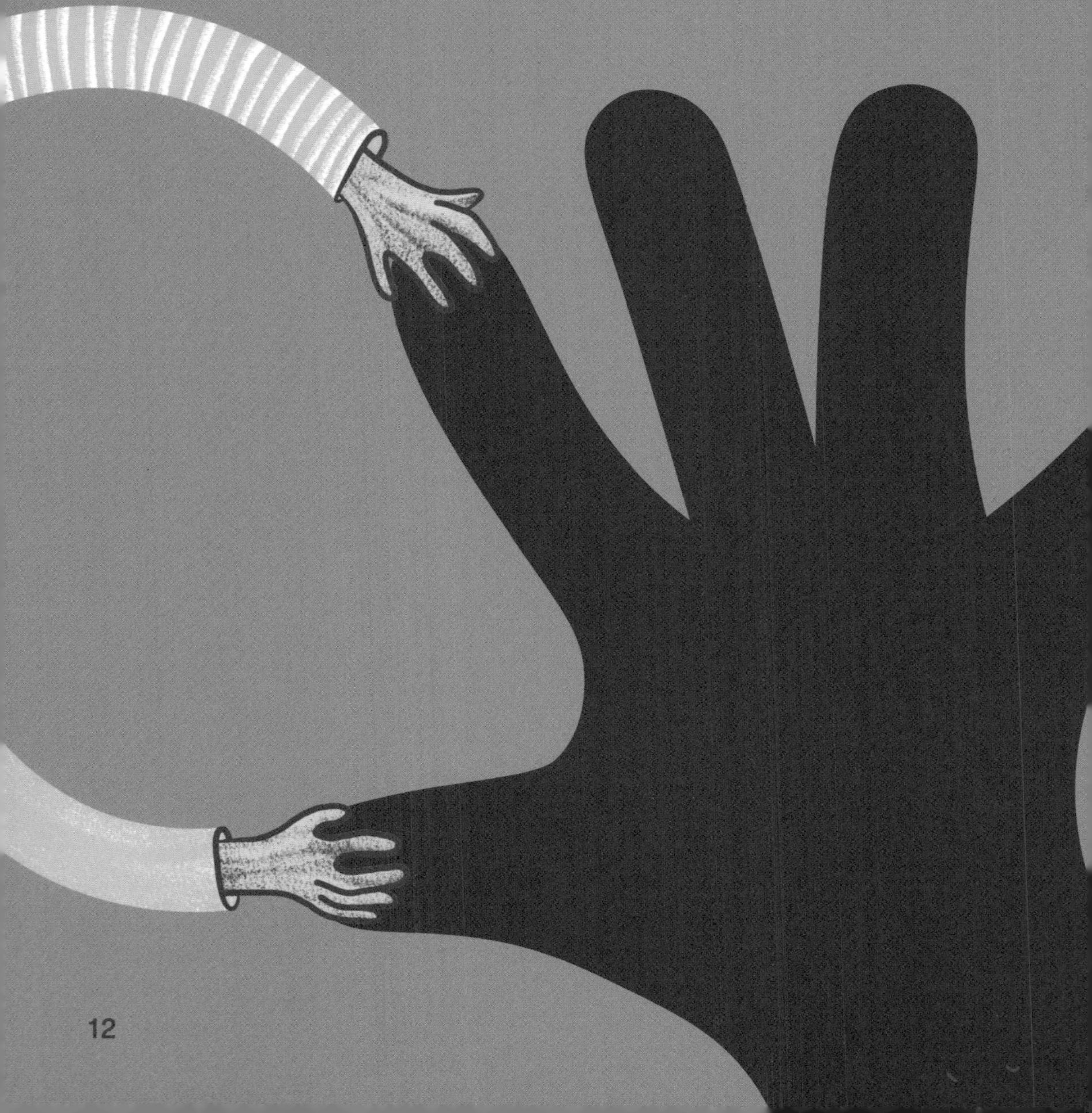

Entdeckst du die feinen Bögen und
Muster auf den Innenseiten deiner
Hände und Füße?

Genau dieses Muster gibt es
auf der ganzen Welt nur ein
einziges Mal.

Haare können in einem
Wirbel wachsen.

Hast du auch einen
Haarwirbel auf dem Kopf?
Oder sogar zwei?

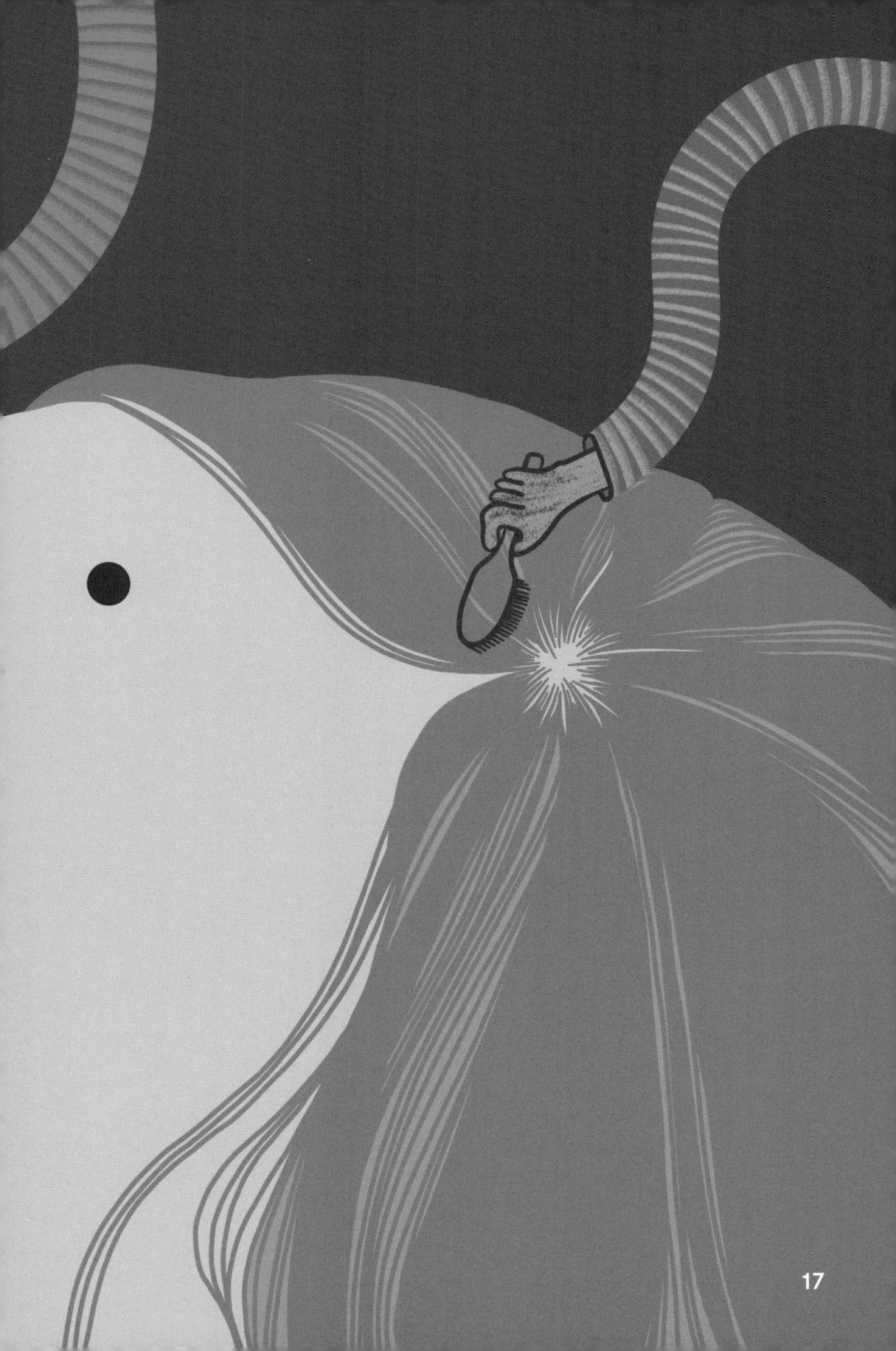

Haut und Haare sind nicht immer gleich.
Sie entwickeln sich je nach Alter.

Babys haben weiche Haut
und ganz feine Haare.

Bei Teenagern wachsen Haare kräftig
und in verschiedenen Farben.

Bei Erwachsenen sind Haut und
Haare voll ausgebildet und am
ganzen Körper unterschiedlich.

Haare wachsen für eine lange Zeit.
Die längsten Haare der ganzen Welt
sind 5,63 Meter lang – so lang wie ein
Giraffenhals.

Die Haare des größten Afros der Welt
haben alle zusammen einen Umfang von
1,48 Metern. Das entspricht dem Stamm
eines ausgewachsenen Baumes.

Haare wachsen sehr langsam.
In einem Monat wachsen sie
einen Zentimeter — so viel,
wie ein Zuckerwürfel breit ist.

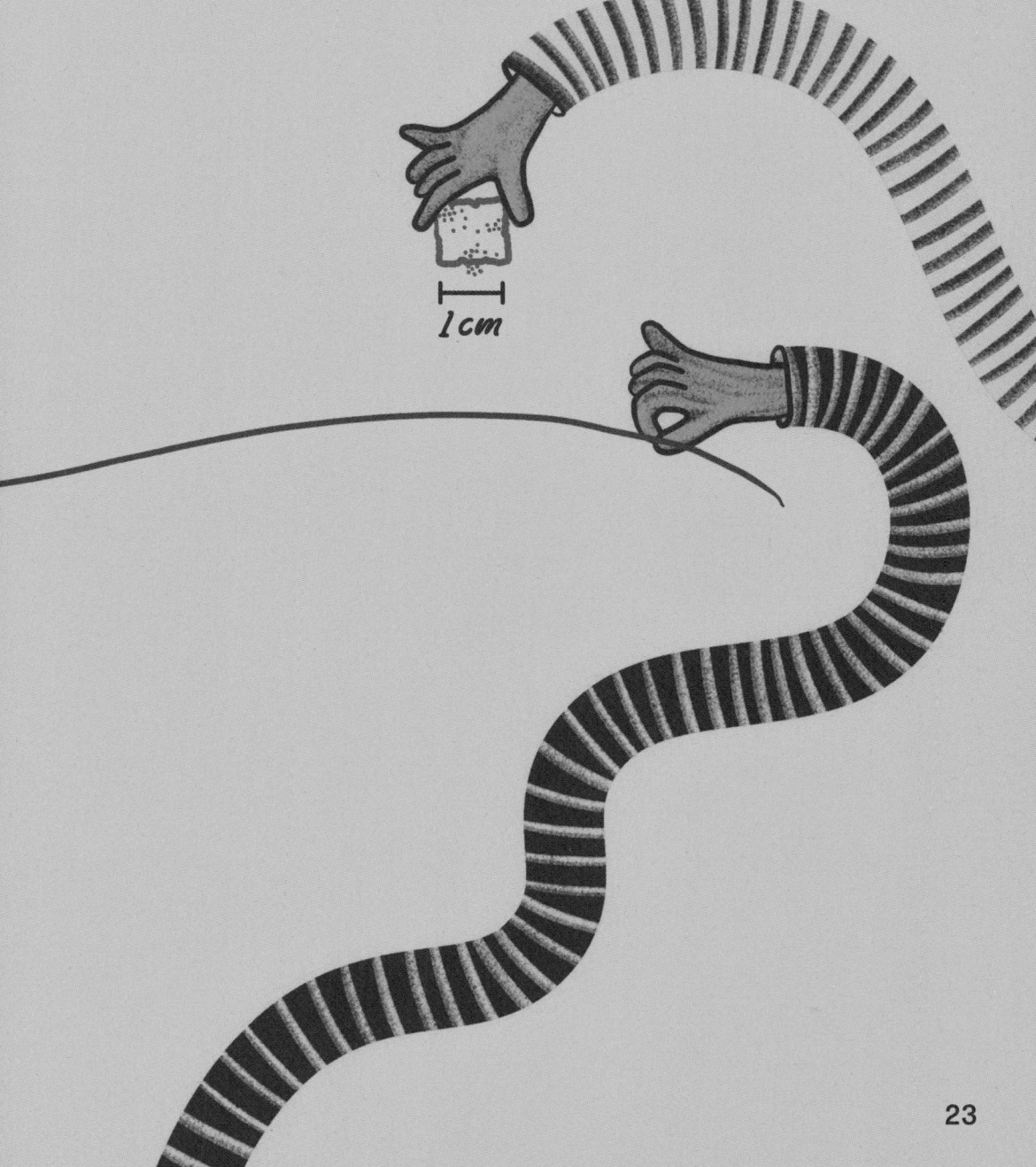

1 cm

Wenn Haare ausgewachsen sind,
fallen sie einzeln aus und machen
Platz für neue Haare.

Am Tag verlierst du rund 85 Haare –
so viel wie ein bis zwei Borstenbüschel
einer Zahnbürste.

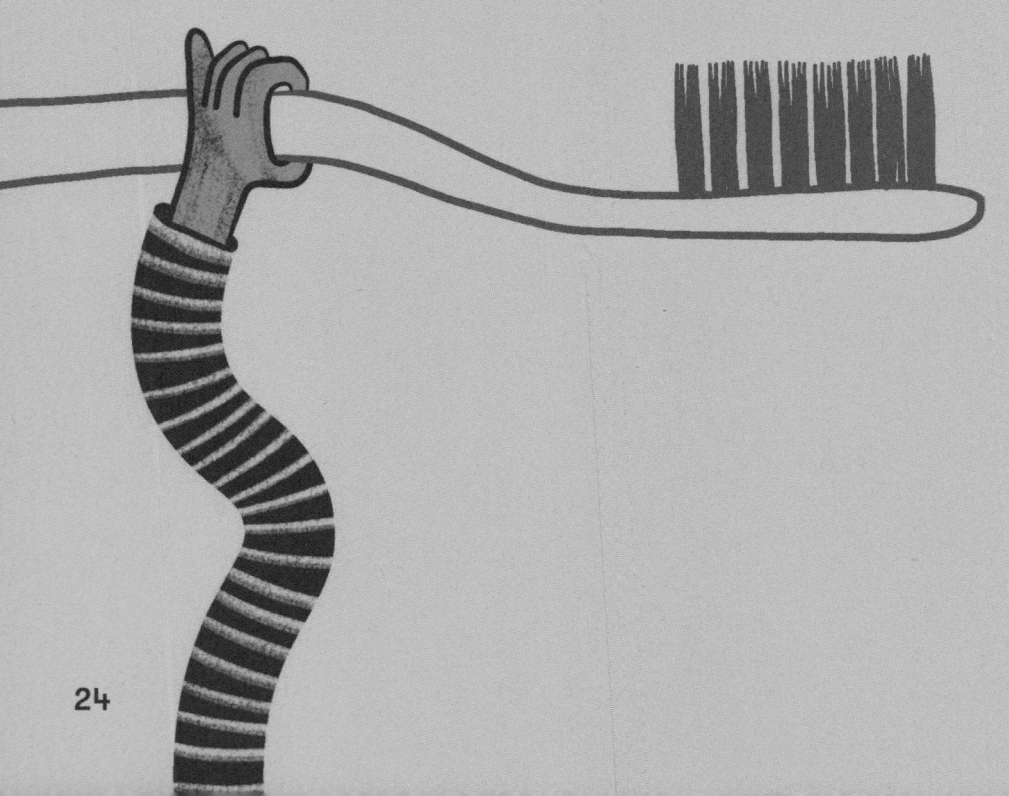

Auf Haut wachsen ganz
verschiedene Haare.

Sie sind lockig, wellig oder glatt.
Sie wachsen nicht überall gleich und sind
sogar unterschiedlich dick.

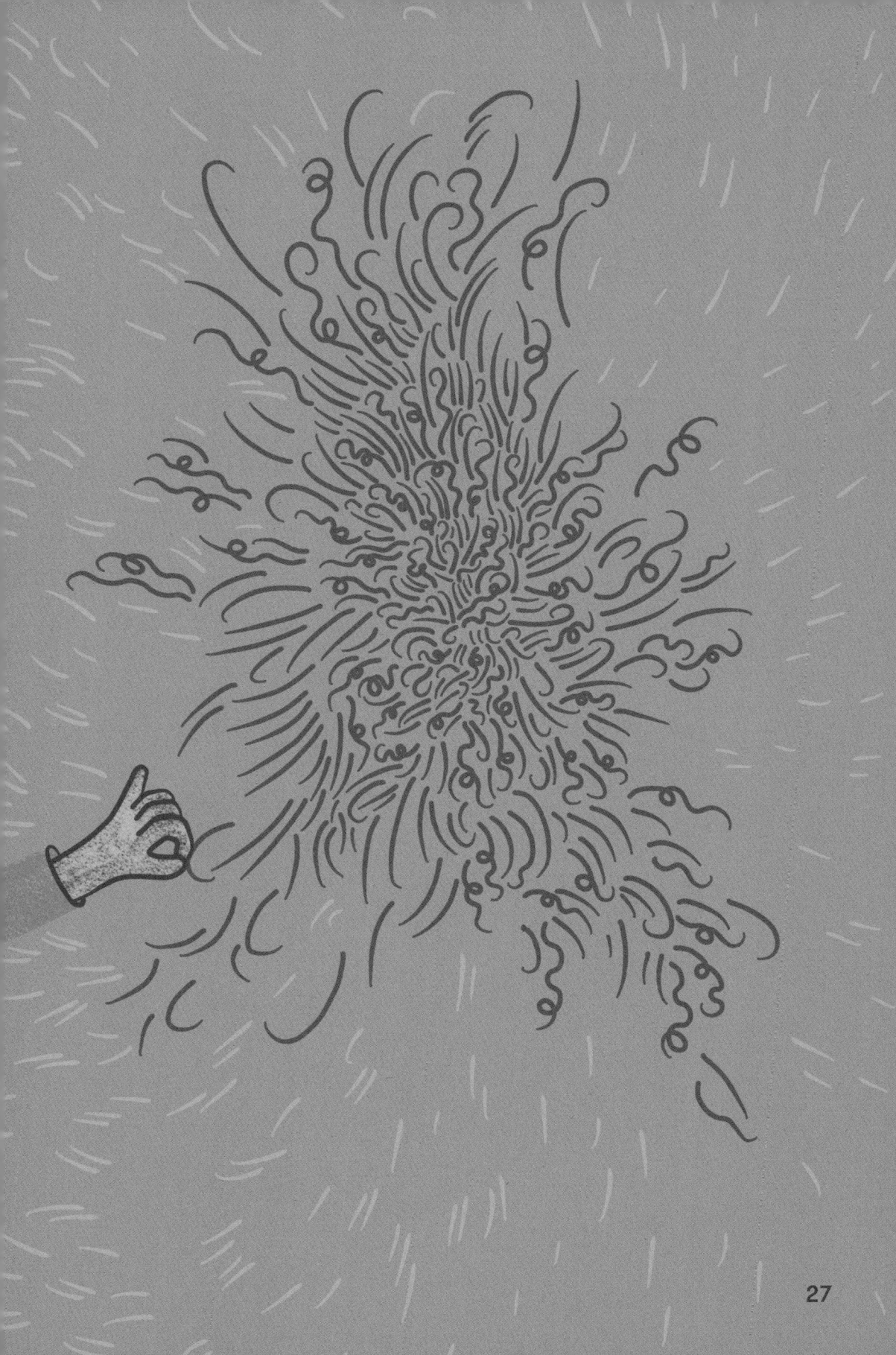

Es gibt ganz verschiedene Gruppen von Haaren mit unterschiedlichen Namen.

Es gibt Kopfhaare, Augenbrauen, Wimpern, Nasenhaare, Barthaare, Achselhaare, Intimhaare, Körperhaare und noch viel mehr.

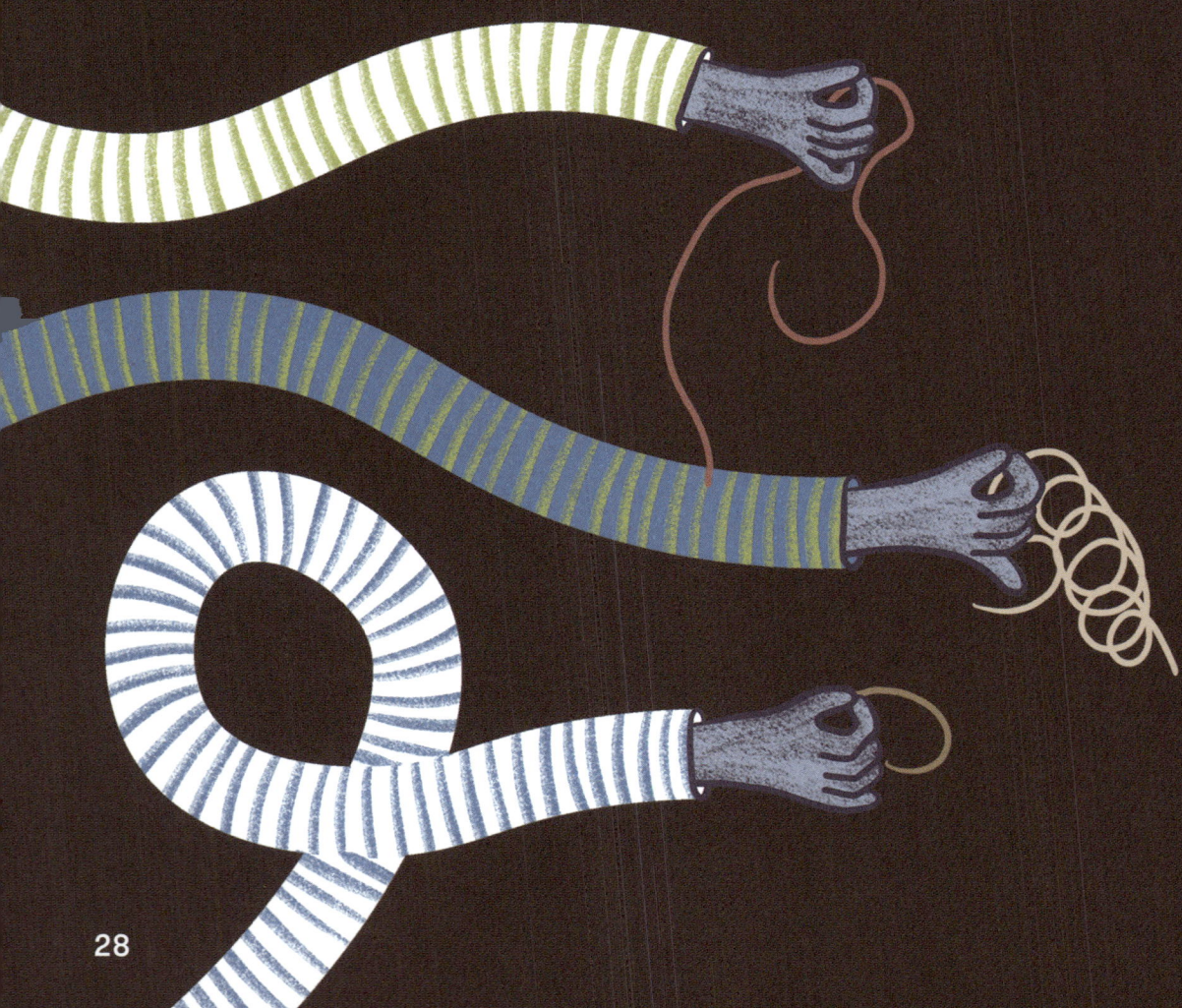

Auf Haut wachsen extrem viele Haare.
Allein auf dem Kopf sind es rund
125 000 – so viele wie alle Körner, die
in drei Packungen Reis enthalten sind.

Körperhaare gibt es sogar noch mehr.
Das sind rund 2 500 000 — so viele
wie alle Körner aus einem ganzen
Regal voll Reispackungen.

Haut ist unterschiedlich dick.
An den Augenlidern ist sie am dünnsten
und an den Fußsohlen am dicksten.

Haut und Haare sind bunt. Es gibt ein Pigment für braune und schwarze Farbe und ein anderes für gelbe und rötliche Farbe.

Jede Haut und jedes Haar besteht aus diesen beiden Pigmenten.

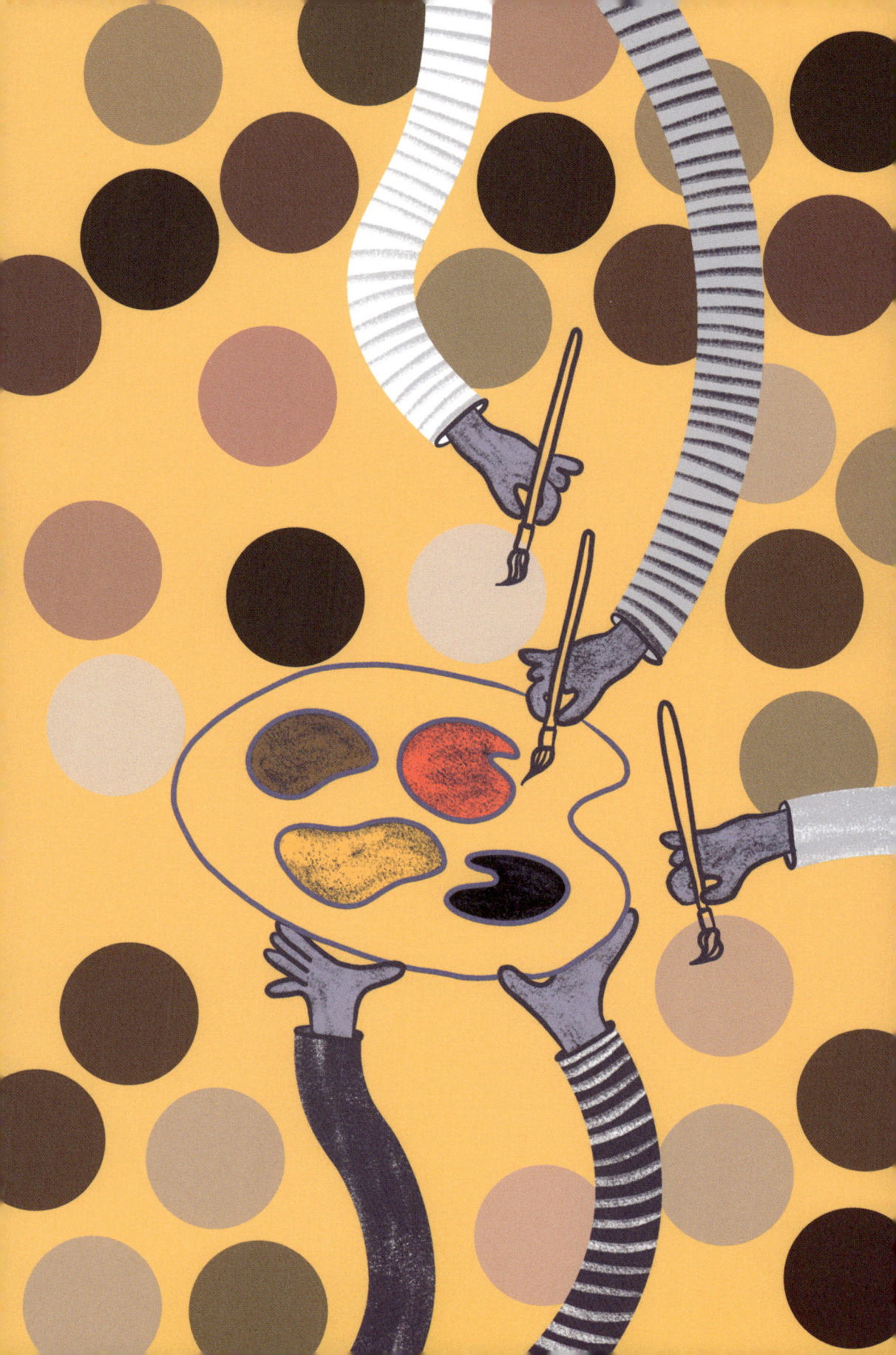

Diese Farben können
auf alle möglichen
Arten kombiniert sein.

Auf Haut können an manchen
Stellen helle und an anderen
dunkle Haare wachsen.

Manchmal haben Haare auch
helle oder dunkle Strähnen.

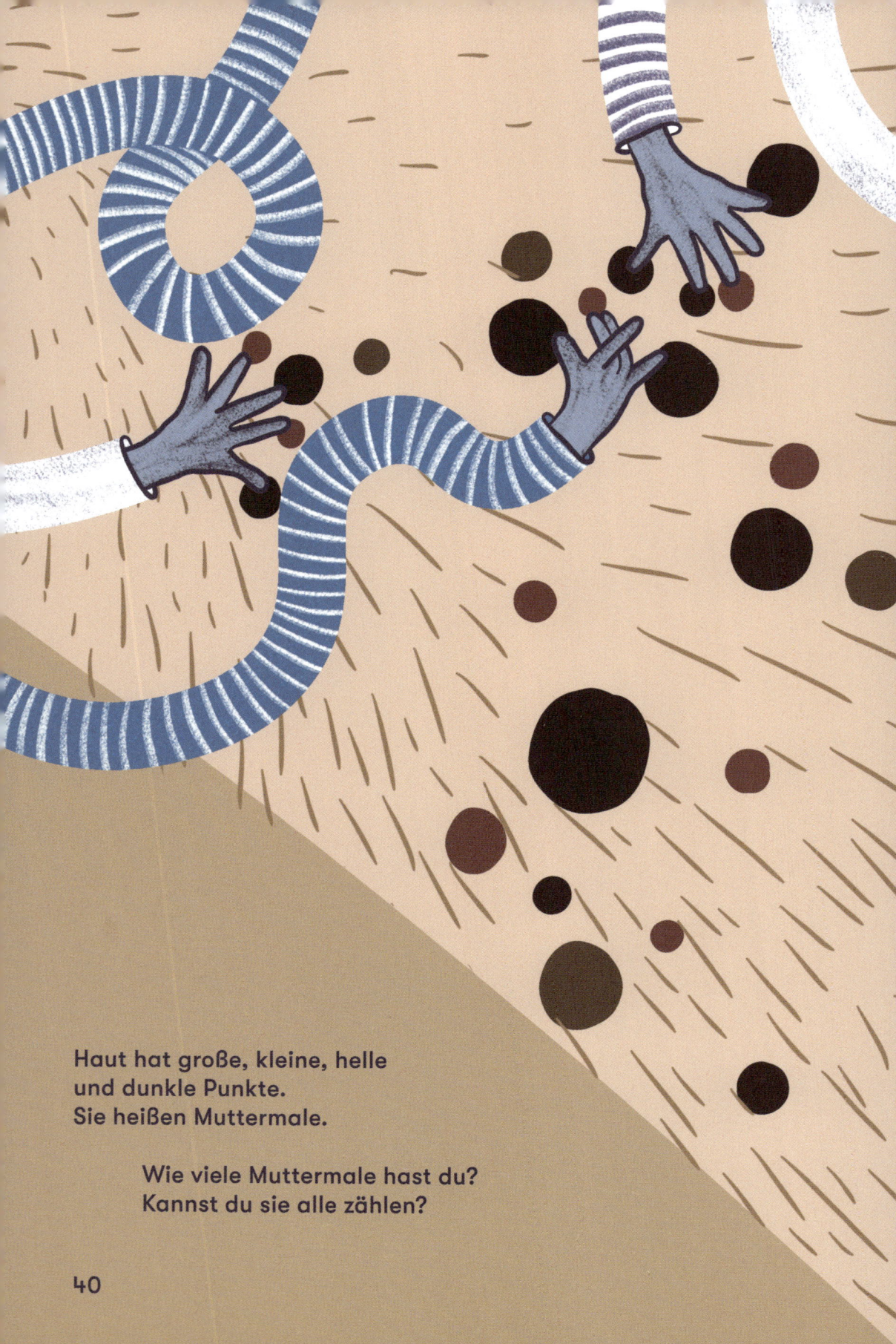

Haut hat große, kleine, helle
und dunkle Punkte.
Sie heißen Muttermale.

Wie viele Muttermale hast du?
Kannst du sie alle zählen?

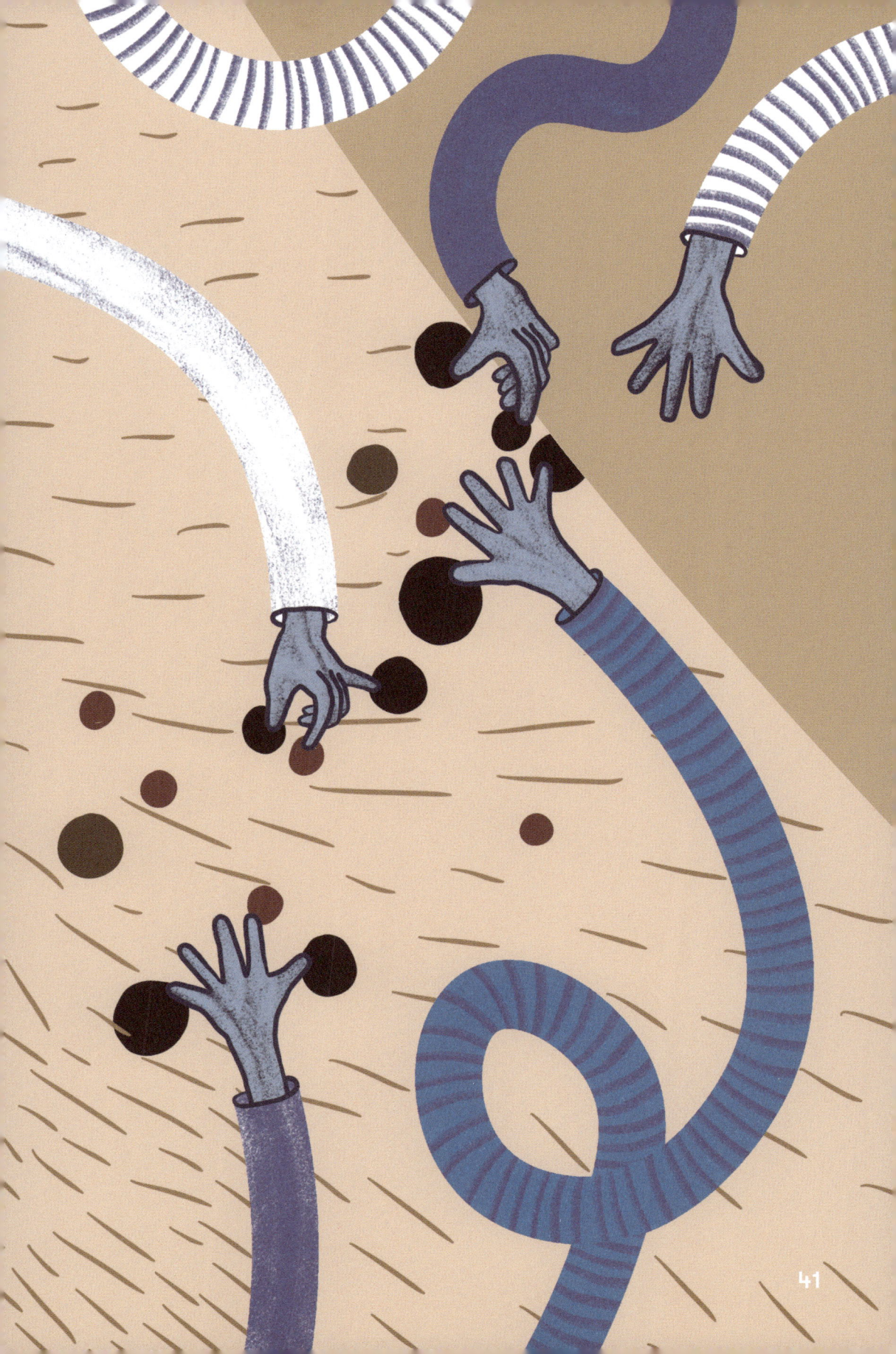

41

In der Sonne kann Haut
Punkte im Gesicht bekommen.
Das sind Sommersprossen.

Haut ist sehr empfindlich.
Wenn sie zu lange in der Sonne
bleibt, bekommt sie Sonnenbrand.

Haut schwitzt, um sich
abzukühlen.

Am Tag so viel, wie in eine
halbe Milchflasche passt.

In der Nacht sogar eine
ganze Milchflasche voll.

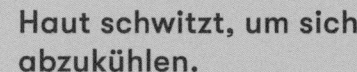

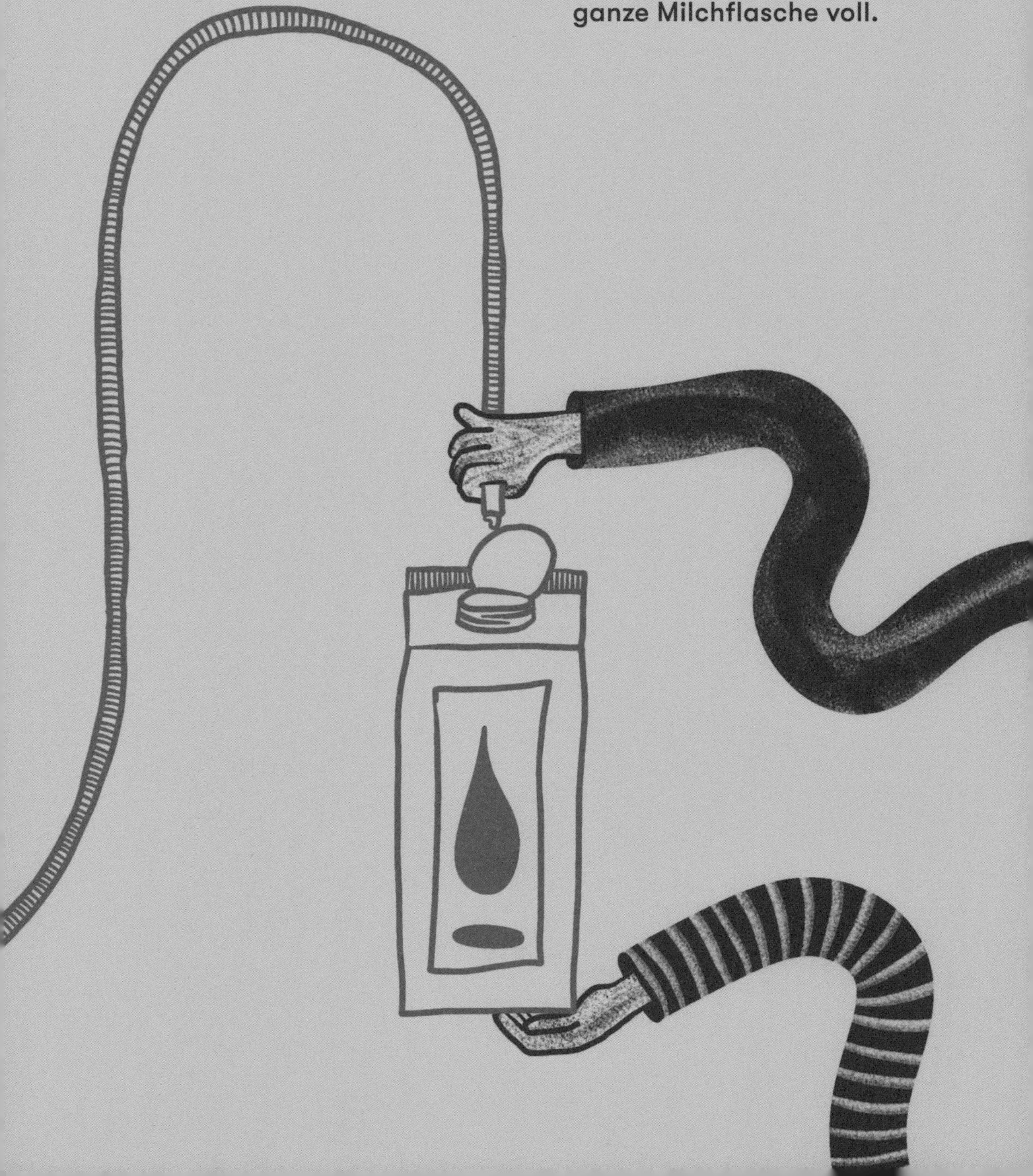

Haut kann sich wärmen, indem sie
alle Haare mit einem Muskelzucken
aufstellt.

Das kennst du vielleicht unter dem
Namen Gänsehaut.

Haut produziert Fett, um
geschmeidig zu sein.

Wenn sie zu viel produziert,
werden Haut und Haare ölig.

Bei zu wenig Fett
werden sie trocken
und schuppig.

Manche Haare haben „Trichoptilose".
Das wird auch Spliss genannt
und bedeutet, dass die Haarspitzen
trocken und beschädigt sind.

Manche Haarspitzen
sehen dadurch aus
wie Tannenzweige.

51

Haut verteilt das Fett über
Poren auf ihrer Oberfläche.

Wenn Haut zu viel Fett produziert,
verstopfen die Poren.
Und kommen dann auch noch
Bakterien dazu, bilden sich Pickel.

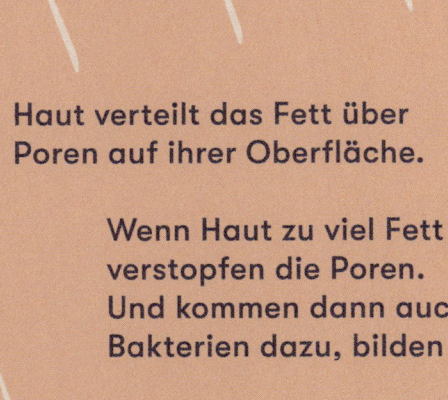

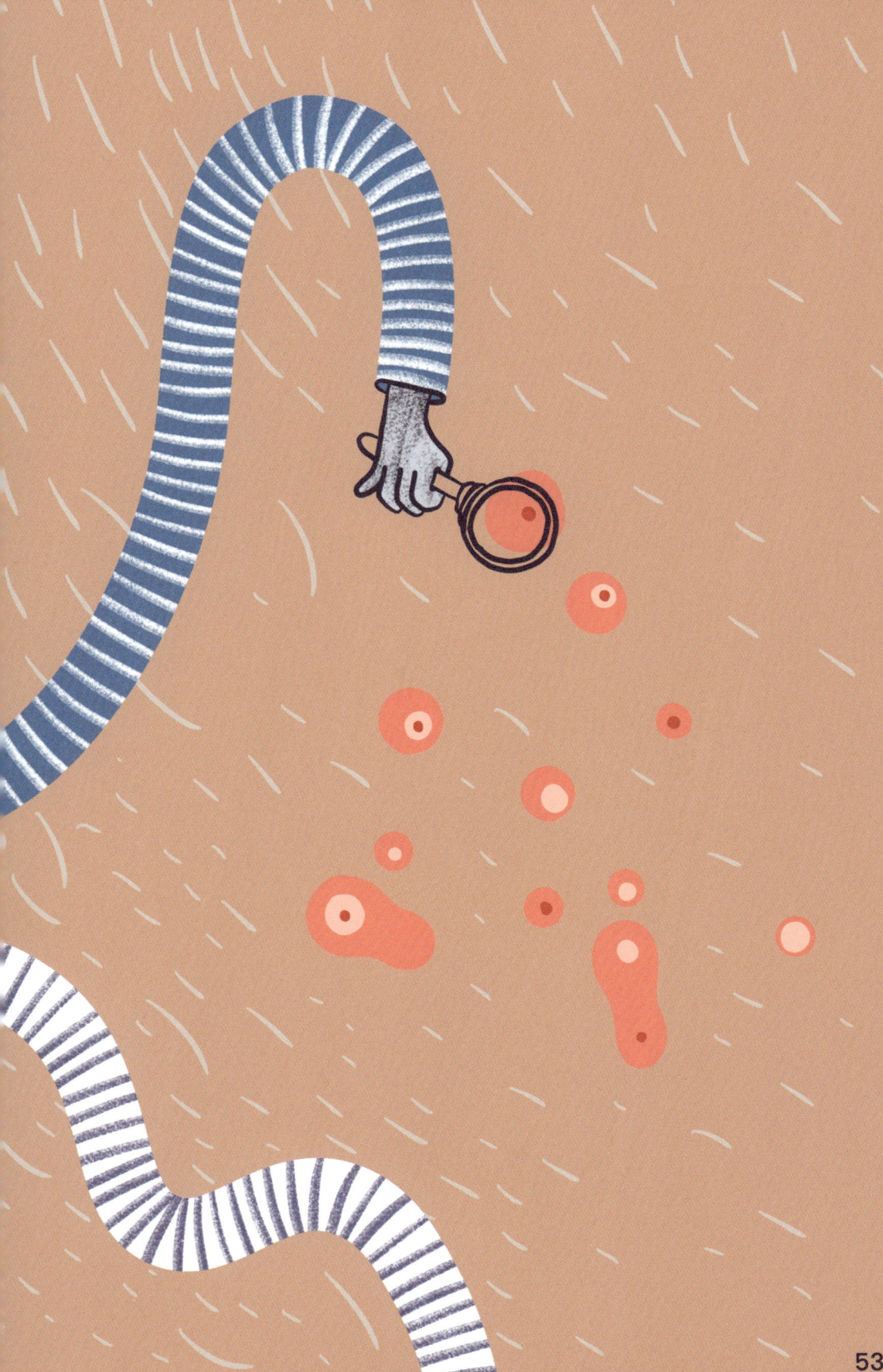

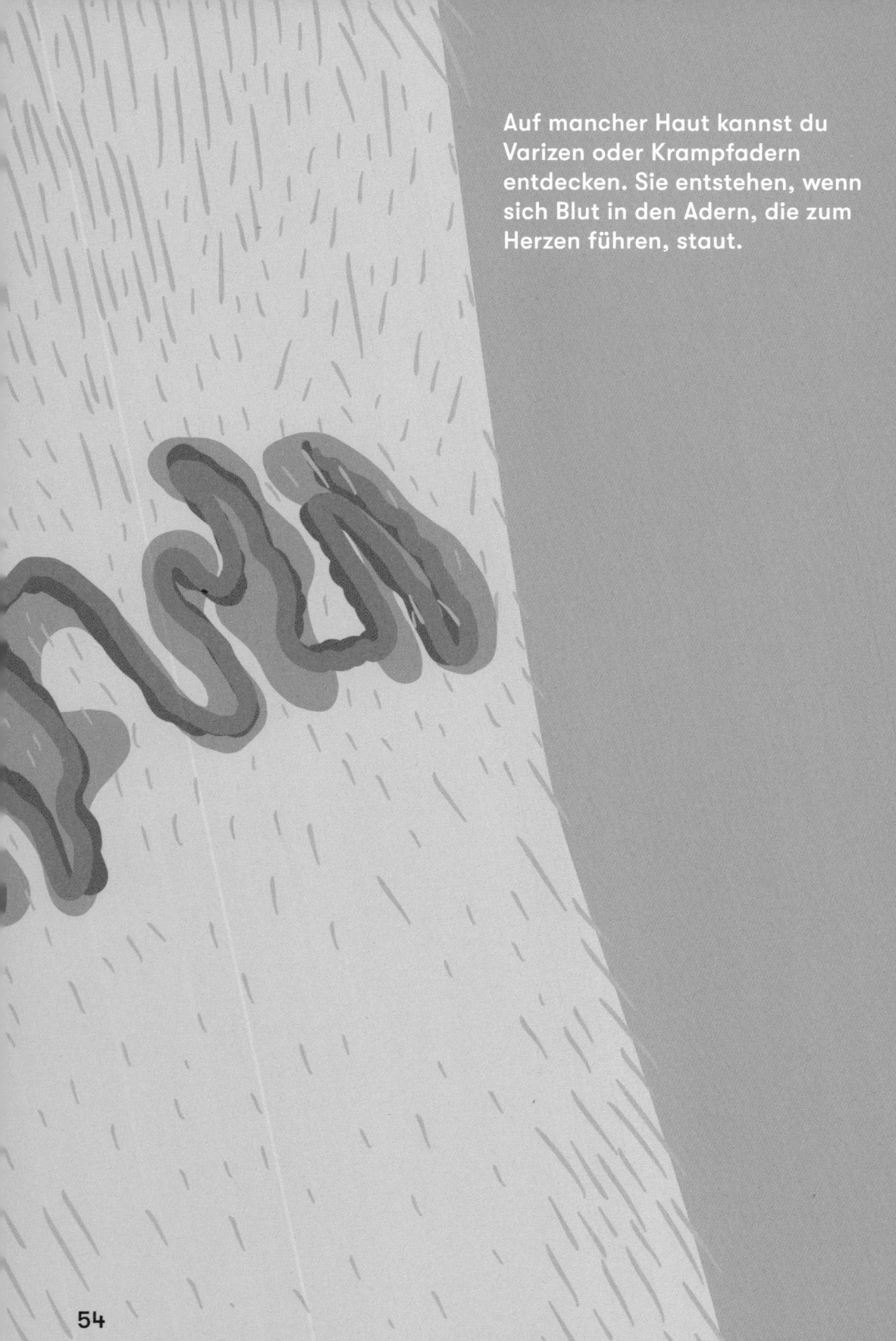

Auf mancher Haut kannst du
Varizen oder Krampfadern
entdecken. Sie entstehen, wenn
sich Blut in den Adern, die zum
Herzen führen, staut.

Und auf mancher Haut kannst du „Striae cutis distensae" entdecken. Sie werden auch Dehnungsstreifen genannt und entstehen, wenn Haut gedehnt wird oder schnell wächst.

Wenn Haut die Stirn krauszieht, die Nase
rümpft oder Grimassen macht, hat sie Falten.

Es gibt ganz unterschiedliche
Arten von Falten.
Hier sind einige Beispiele.

Welche Grimassen
kannst du schneiden?

Krähenfüße

Nasolibialfalten

Marionettenfalten

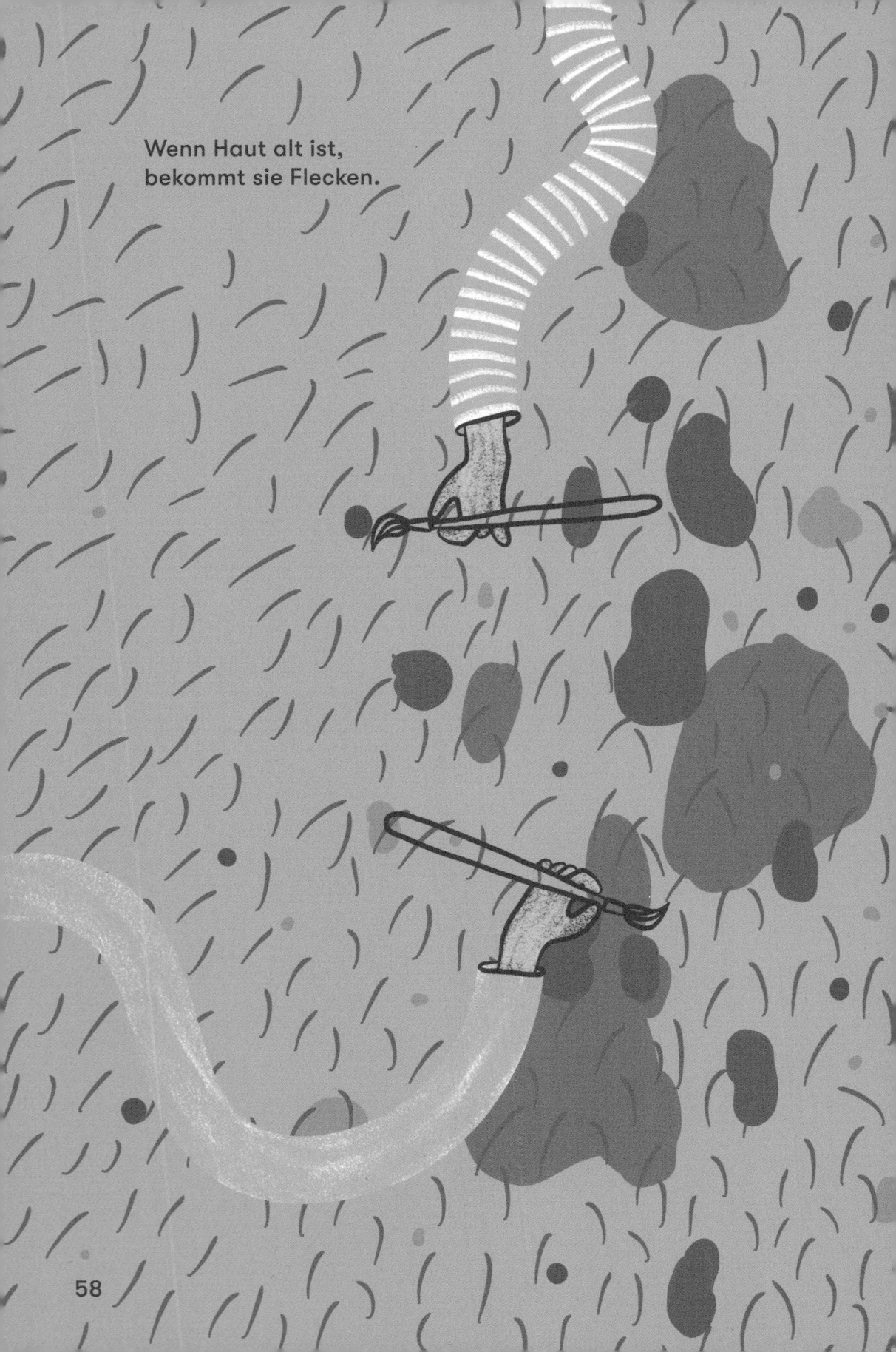

Wenn Haut alt ist,
bekommt sie Flecken.

Dann lässt sie auch
die Adern darunter
durchschimmern.

Je älter Haare werden, desto
dünner und feiner sind sie.

Außerdem werden sie erst
grau und dann weiß.

Unsere Entdeckungsreise ist hier zu Ende, aber du kannst trotzdem weiter erkunden.
Guck doch mal bei deinen Freunden und Freundinnen, Geschwistern, Eltern oder Großeltern.

Frag sie nach ihrem Lieblingsleberfleck und ihrer Lieblingsfalte im Gesicht. Vergleiche die Muster der Innenflächen ihrer Hände mit deinem Muster, suche nach Haarwirbeln auf ihrem Kopf oder entdecke andere neue Dinge.

Haut und Haare sind bei allen Menschen ganz unterschiedlich und immer schön.

# Vom gleichen Verlag:

**Läuse**

ISBN: 978-3-03964-059-1

**Das ist kein
Dinosaurierbuch!**

ISBN: 978-3-03964-039-3

**In den Bergen**

ISBN: 978-3-03964-069-0

**Brillante Brillen**

ISBN: 978-3-03964-025-6